런런 속스피드 수학

KB130633

1권

도형과
측정 ①

안녕, 나는 오르브고
이 친구는 토비야.

차 례

 동그라미 하기

 색칠하기

 수 세기

 그리기

 스티커 붙이기

 선 잇기

 놀이하기

 말하기

 연필로 따라 쓰기

 쓰기

평면도형

 도형의 이름을 말해 보세요.

이 도형들은 모두 평면도형이야.

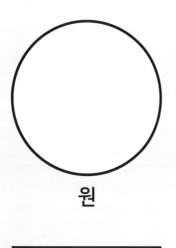
원

타원

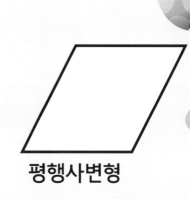
평행사변형

직사각형

정팔각형

정오각형

삼각형

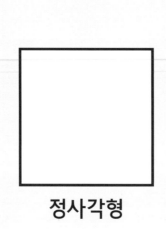
정사각형

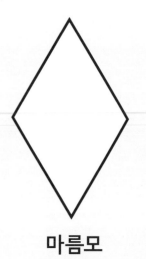
마름모

정육각형

자는 어떤 도형일까?

삼각형은 빨간색으로, 정사각형은 노란색으로, 직사각형은 갈색으로, 원은 초록색으로 칠하세요.

문제를 다 푼 다음, 32쪽으로!

 각 도형에 알맞은 이름을 ▨에서 찾아 쓰세요.

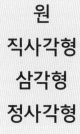

원
직사각형
삼각형
정사각형

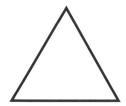

칭찬 스티커를 붙이세요.

 도형 찾기 놀이

집에서 각각의 도형과 모양이 같은 물건을 찾아보세요. 예를 들면 시계와 접시는 원 모양, 문과 자는 직사각형 모양이에요. 얼마나 많은 도형을 찾을 수 있는지 내기를 해 보세요.

입체도형

 도형의 이름을 말해 보세요.

이 도형들은 모두 입체도형이야.

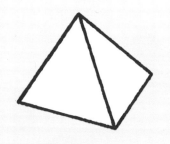

각뿔

원뿔

구

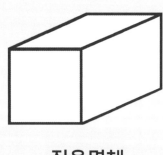

직육면체

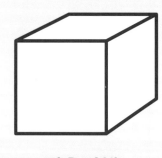

정육면체

원기둥

 각 사물의 모양에 알맞은 도형 이름을 찾아 선으로 이으세요.

구

직육면체

정육면체

각뿔

원뿔

원기둥

4

★★ 입체도형을 모두 찾아 ◯표 하세요.

집에서
다양한 모양의
입체도형을 찾아봐!

그림을 보고 원기둥 5개를 모두 찾아 색칠하세요.

구 |개, 정육면체 |개,
원뿔 |개도 찾아서
◯표 해 봐!

칭찬 스티커를
붙이세요.

문제를 다 푼 다음, 32쪽으로!

변의 수

 각 도형의 변의 수를 세어 보세요.

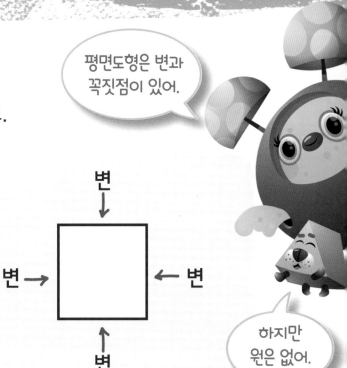

평면도형은 변과 꼭짓점이 있어.

하지만 원은 없어.

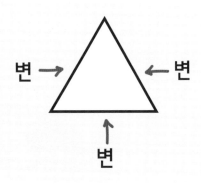

변 → △ ← 변

↑
변

변 → □ ← 변

↑
변

 각각 알맞은 도형 스티커를 붙이세요.

삼각형	직사각형

도형을 이루는 선분을 변이라고 해. 삼각형의 변은 몇 개일까?

변이 4개인 도형을 모두 찾아 점선을 따라 그리세요.

각 도형의 이름을
말할 수 있니?

 변이 5개인 도형을 모두 찾아 색칠하세요.

잘했어!

칭찬 스티커를
붙이세요.

문제를 다 푼 다음, 32쪽으로!

꼭짓점의 수

 각 도형의 꼭짓점의 수를 세어 보세요.

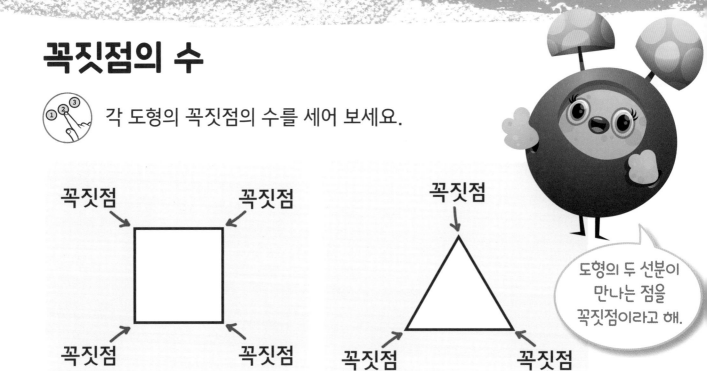

꼭짓점   꼭짓점

꼭짓점   꼭짓점

꼭짓점

꼭짓점   꼭짓점

도형의 두 선분이 만나는 점을 꼭짓점이라고 해.

 꼭짓점이 4개인 도형을 모두 찾아 색칠하세요.

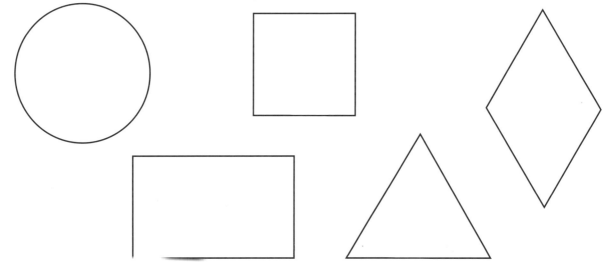

꼭짓점이 3개인 도형을 모두 찾아 점선을 따라 그리세요.

안의 수와 꼭짓점의 수가 같은 도형 스티커를 찾아 붙이세요.

3   **4**   **5**

 구멍에 알맞은 입체도형을 찾아 ○표 하세요.

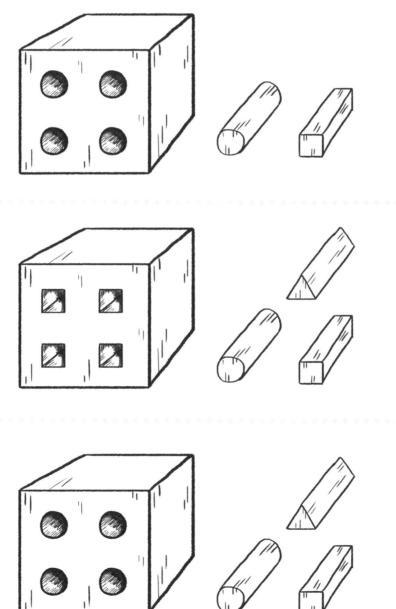

잘했어!

칭찬 스티커를
붙이세요.

문제를 다 푼 다음, 32쪽으로!

돌리기

얼마만큼 돌리는지 잘 봐!

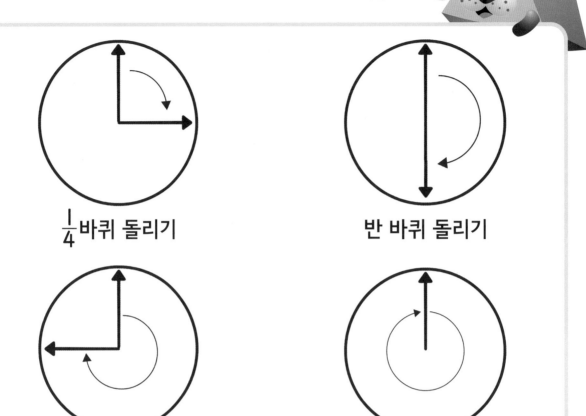

$\frac{1}{4}$ 바퀴 돌리기

반 바퀴 돌리기

$\frac{3}{4}$ 바퀴 돌리기

한 바퀴 돌리기

 반 바퀴 돌린 것을 모두 찾아 ⬜ 안을 색칠하세요.

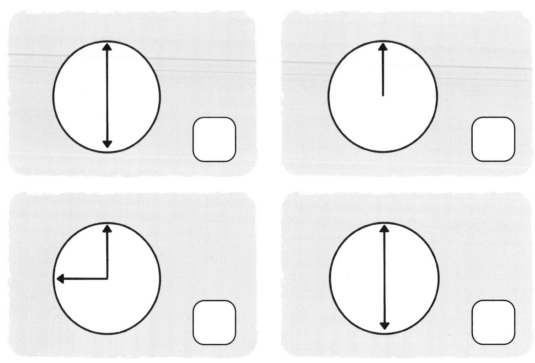

시계 방향 또는 시계 반대 방향으로 돌릴 수 있어.

시계 방향으로 $\frac{1}{4}$ 바퀴 돌리기

시계 반대 방향으로 $\frac{1}{4}$ 바퀴 돌리기

시계 방향으로 반 바퀴 돌리기

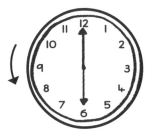

시계 반대 방향으로 반 바퀴 돌리기

 그림을 보고, 알맞은 말을 찾아 선으로 이으세요.

시계 방향으로 반 바퀴 돌리기

시계 반대 방향으로 $\frac{1}{4}$ 바퀴 돌리기

시계 반대 방향으로 반 바퀴 돌리기

잘했어!

시계 방향으로 $\frac{1}{4}$ 바퀴 돌리기

 방향과 위치 놀이

돌고 도는 로봇 놀이를 해 보세요. 엄마, 아빠에게 로봇처럼 명령에 따라 방 안을 돌아다니며 움직여 달라고 부탁해요.
다음과 같이 명령하세요.

● 시계 방향으로 $\frac{1}{4}$ 바퀴 돌아요.
● 앞으로 세 발자국 가세요.
● 시계 반대 방향으로 반 바퀴 돌아요.

칭찬 스티커를 붙이세요.

문제를 다 푼 다음, 32쪽으로!

위치 알기

 다음 낱말들을 말해 보세요.

왼쪽	오른쪽	맨 위
맨 아래	가운데	~의 위에
~의 앞에	위	사이	아래
가까운	먼	앞	주위	뒤

나는 오르브의 앞에 있어.

 안을 보고, 오르브에서부터 토비까지 알맞게 줄을 그으세요.

 위로 1칸 가   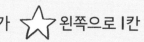 아래로 1칸 가   오른쪽으로 1칸 가   왼쪽으로 1칸 가

출발 →								

알맞은 곳에 공을 그려 그림을 완성하세요.

공이 고양이 뒤에
있어요.

공이 고양이 앞에
있어요.

공이 고양이 위에
있어요.

 그림을 보고, 위치를 바르게 말한 문장을 찾아 ◯ 안을 색칠하세요.

재즈는
어디에 있니?

할아버지는 나무 근처에 있어요. ☐

팀은 엄마 위에 있어요. ☐

토드는 엄마와 아빠 사이에 있어요. ☐

아빠는 할머니 앞에 있어요. ☐

파이도는 의자 아래에 있어요. ☐

칭찬 스티커를
붙이세요.

13

문제를 다 푼 다음, 32쪽으로!

길이와 키 비교하기

더 길다.

더 짧다.

키가 더 크다. 키가 더 작다.

나는 토비보다 키가 더 커.

 그림을 보고, 알맞은 낱말에 ◯표 하세요.

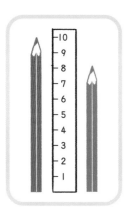

빨간 연필은 파란 연필보다 더

> 길다.
>
> 짧다.

클립은 지우개보다 더

> 길다.
>
> 짧다.

 ☐ 안의 로봇보다 키가 더 큰 로봇에 ◯표 하세요.

동물의 길이를 ⬭ 안에 쓰세요.

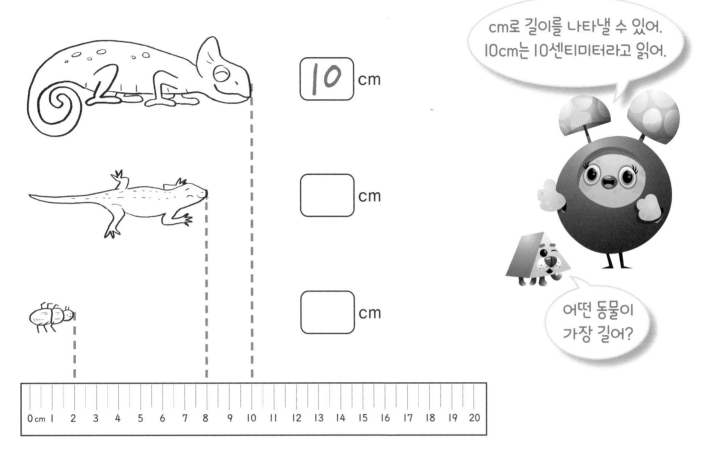

10 cm

⬭ cm

⬭ cm

cm로 길이를 나타낼 수 있어.
10cm는 10센티미터라고 읽어.

어떤 동물이
가장 길어?

 집에서 다음 물건들을 찾아보세요.
자로 길이를 재어 ⬭ 안에 알맞은 수를 쓰세요.

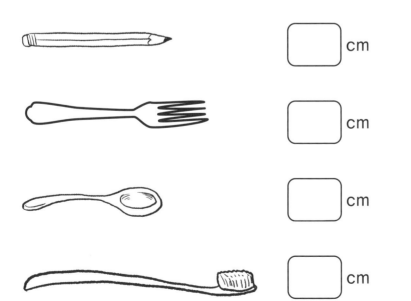

⬭ cm

⬭ cm

⬭ cm

⬭ cm

잘했어!

칭찬 스티커를
붙이세요.

문제를 다 푼 다음, 32쪽으로!

무게 비교하기

 짝 지어진 것 중에서 더 가벼운 것에 색칠하세요.

그림을 보고, 알맞은 낱말에 ◯표 하세요.

풍선은 보트보다 더
무겁다.
가볍다.

북은 트라이앵글보다 더
무겁다.
가볍다.

의자는 소파보다 더
무겁다.
가볍다.

 시소의 반대쪽에 알맞은 동물 스티커를 붙이세요.

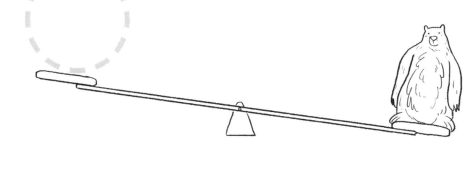

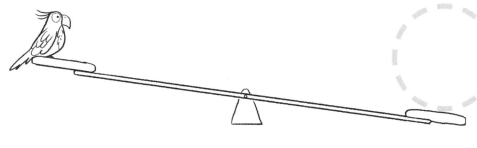

칭찬 스티커를 붙이세요.

17

문제를 다 푼 다음, 32쪽으로!

무게 재기

저울의 화살이 물건의 무게를 가리키고 있어.

무거운 물건의 무게는 kg으로 나타내. 2kg은 2킬로그램이라고 읽어.

2 kg

어떤 물건이 가장 무거울까?

 저울을 보고, 물건의 무게를 ⬭ 안에 쓰세요.

 3 kg

 ⬭ kg

 ⬭ kg

 ⬭ kg

 ⬭ kg

 ⬭ kg

저울을 보고, 물건의 무게를 ▢ 안에 쓰세요.

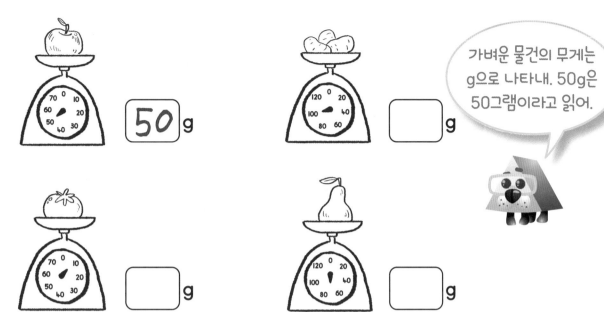

50 g

▢ g

▢ g

▢ g

가벼운 물건의 무게는 g으로 나타내. 50g은 50그램이라고 읽어.

 집에서 다음 물건들을 찾아 무게를 재어 보세요.
짝 지어진 것 중에서 더 가벼운 것에 색칠하세요.

 무게 비교하기 놀이

엄마, 아빠와 함께 케이크를 만들어 보세요. 케이크를 만들면서 재료의
무게를 재어 보고, 몇 그램인지 말해 보세요.

가족의 몸무게를 재어 보세요. 몸무게가 가장 무거운 사람과 가장 가벼운
사람이 누구인지 말해 보세요.

칭찬 스티커를
붙이세요.

문제를 다 푼 다음, 32쪽으로!

양 비교하기

 양동이에 든 물의 양을 보고, 알맞은 말을 찾아 선으로 이으세요.

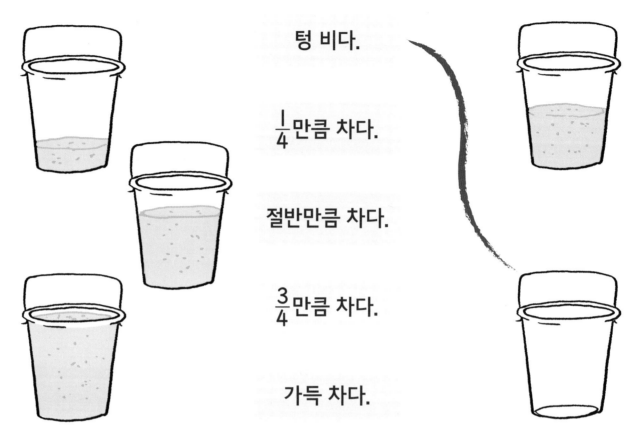

텅 비다.

$\frac{1}{4}$만큼 차다.

절반만큼 차다.

$\frac{3}{4}$만큼 차다.

가득 차다.

 물의 양을 보고, 알맞은 말에 ◯표 하세요.

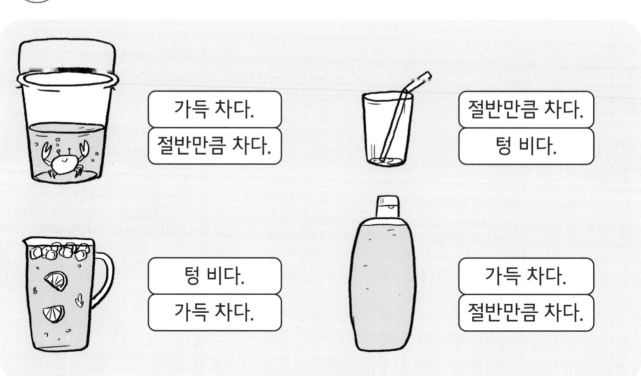

가득 차다.
절반만큼 차다.

절반만큼 차다.
텅 비다.

텅 비다.
가득 차다.

가득 차다.
절반만큼 차다.

물이 가장 많은 컵의 ▢ 안을 색칠하세요.

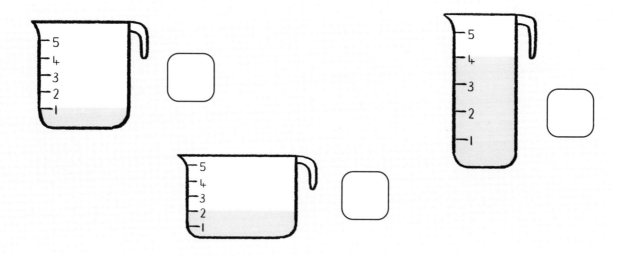

 주스가 가장 많은 컵에 ○표 하세요.

지금 너무 목말라. 어떤 컵을 고르는 게 좋을까?

칭찬 스티커를 붙이세요.

양 비교하기 놀이

양동이, 주전자, 컵 등에 물을 담고 들이를 비교해 보세요.
예를 들어 두 개의 양동이에 물의 양을 다르게 담은 다음 어떤 양동이를
더 쉽게 들 수 있는지 말해 보세요. 또 주전자에 물을 채운 다음 컵에 물을
따라 보세요. 몇 잔을 채울 수 있는지 세어 보세요.

모양이 다른 컵을 찾아보세요. 모양이 다른 컵에 똑같은 양의 물을 담아 보고,
컵에 담긴 물의 높이가 같은지 다른지 말해 보세요.

문제를 다 푼 다음, 32쪽으로!

들이 재기

 물의 양을 ▢ 안에 쓰세요.

액체의 양은 L와 mL로 나타내. L는 리터, mL는 밀리리터라고 읽어.

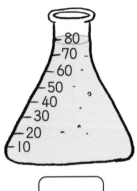
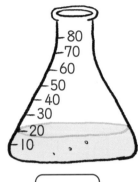
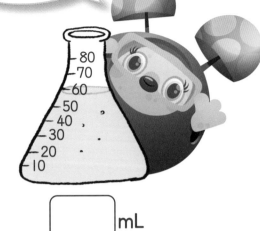

▢ mL   ▢ mL   ▢ mL

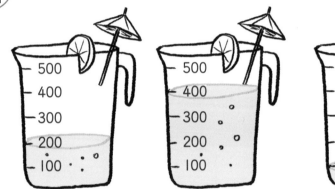 양을 알맞게 나타낸 것을 찾아 선으로 이으세요.

100 mL   200 mL   400 mL   500 mL

 양에 맞게 액체를 색칠하세요.

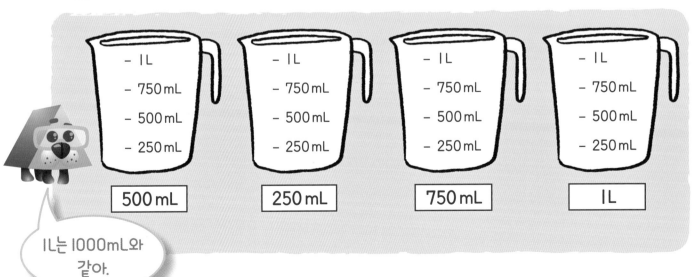

500 mL   250 mL   750 mL   1 L

1L는 1000mL와 같아.

22

물의 양이 같은 것끼리 선으로 이으세요.

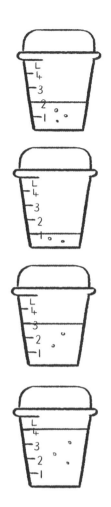

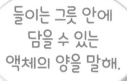

들이는 그릇 안에
담을 수 있는
액체의 양을 말해.

 빈 곳에 '많다' 또는 '적다'를 써서 문장을 완성하세요.

파란색 주스가 초록색 주스보다

더 _____.

오른쪽 컵에 들어 있는 물이

더 _____.

칭찬 스티커를
붙이세요.

문제를 다 푼 다음, 32쪽으로!

시간 재기

 가장 오래 뛴 아이부터 차례대로 메달에 1, 2, 3을 쓰세요.

 그림을 보고, 시간을 잴 때 알맞은 단위를 찾아 선으로 이으세요.

초

분

시간

일

다음과 같은 일을 하는 데 걸린 시간을
재어 보고 ⬭ 안에 쓰세요.

스톱워치 또는
시계의 초침을 사용해서
시간을 재어 봐.

 이 닦기

 신발 신기

 옷 입기

 한 발로 서 있기

 시간 놀이

스톱워치를 사용해서 시간을 재어 보세요. 예를 들면 공 던지고 잡기,
종이비행기 만들기, 누웠다가 다시 일어나기, 방을 가로질러 뛰어갔다가
다시 돌아오기 등을 할 때 시간이 얼마나 걸리는지 재어 보세요.

일을 하는 데 걸리는 시간을 초, 분, 시간으로 나누어 종이에 써 보세요.
그런 다음 몇 초(분, 시간) 걸리는 일을 모두 말해 보세요.

3일 동안 학교를 가는 데 걸리는 시간을 각각 재어 보세요. 시간이 가장 오래
걸린 날이 언제인지 말해 보세요.

칭찬 스티커를
붙이세요.

문제를 다 푼 다음, 32쪽으로!

몇 시 알기

5시

짧은바늘이
5를 가리키면
5시야.

긴바늘이 12를 가리키면
정각 '몇 시'야.

 시계에 빠진 숫자를 쓰세요.

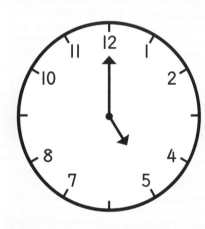

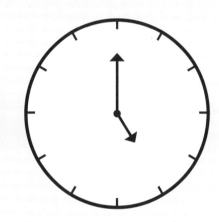

 시계에 알맞은 시각 스티커를 찾아 붙이세요.

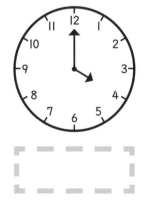

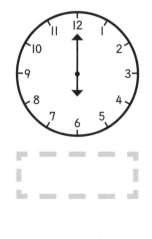

시각에 알맞은 시계 스티커를 찾아 붙이세요.

2시

8시

5시

6시

12시

7시

너는 아침 몇 시에 일어나니?

 시각에 맞게 시곗바늘을 그리세요.

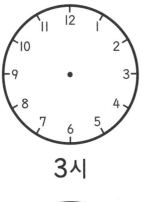

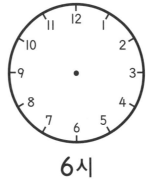

3시

6시

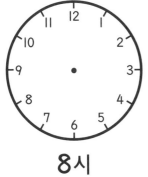

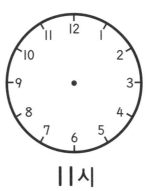

8시

11시

칭찬 스티커를 붙이세요.

27

문제를 다 푼 다음, 32쪽으로!

30분 알기

30분일 때 짧은바늘은 두 수 사이에 있어.

 시계에 알맞은 시각을 찾아 선으로 이으세요.

 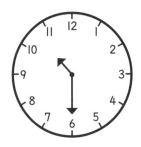 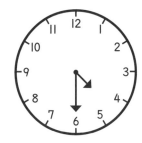 

4시 30분   8시 30분   10시 30분   6시 30분

 시계에 알맞은 시각 스티커를 찾아 붙이세요.

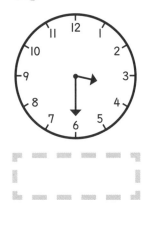  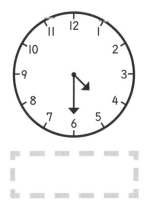 

5시 30분을 나타내는 시계를 찾아 ⬭ 안을 색칠하세요.

 시간의 순서에 맞게 시계 스티커를 붙이세요.

먼저

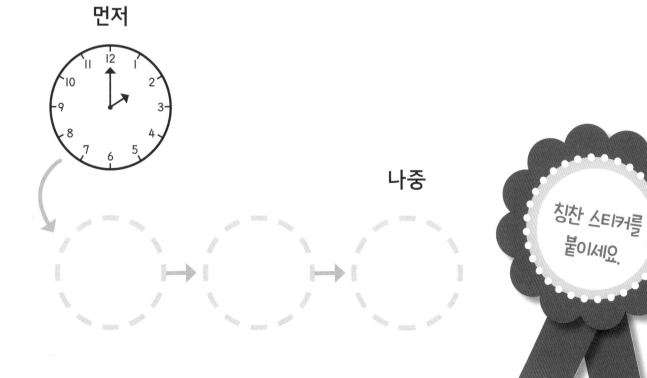

나중

칭찬 스티커를
붙이세요.

문제를 다 푼 다음, 32쪽으로!

하루 알기

 시간의 순서에 맞게 2부터 4까지 ⬭ 안에 쓰세요.

어제 일어난 일을 기억할 수 있어?

  1

 다음 일이 일어난 시간으로 알맞은 것을 찾아 선으로 이으세요.

| 아침 | 오후 | 저녁 |

 안의 일을 하는 시간이 아침, 점심, 저녁, 밤 중에서 언제인지 말해 보세요.

이 닦기
잠자리에서 일어나기
텔레비전 보기
목욕하기
아침 먹기
학교 가기
학원 가기

하루에 적어도 한 번 이상 하는 일이 있어.

1년 알기

 요일과 월의 순서에 맞게 낱말 스티커를 붙이세요.

요일	월

요일

월요일

[ ]

[ ]

[ ]

금요일

[ ]

[ ]

월

1월   7월

[ ]   [ ]

[ ]   [ ]

4월   [ ]

[ ]   11월

[ ]   [ ]

 문장을 완성하세요.

나는 어제 _____

_____

나는 내일 _____

_____

나는 작년에 _____

_____

칭찬 스티커를 붙이세요.

문제를 다 푼 다음, 32쪽으로!

나의 실력 점검표

 얼굴에 색칠하세요.

😊 잘할 수 있어요.

😐 할 수 있지만 연습이 더 필요해요.

🙁 아직은 어려워요.

쪽	나의 실력은?	스스로 점검해요!		
2~3	평면도형의 이름을 말할 수 있어요.	😊	😐	🙁
4~5	입체도형의 이름을 말할 수 있어요.	😊	😐	🙁
6~7	도형의 변의 수를 셀 수 있어요.	😊	😐	🙁
8~9	도형의 꼭짓점의 수를 셀 수 있어요.	😊	😐	🙁
10~11	방향 돌리기에 대해 말할 수 있어요.	😊	😐	🙁
12~13	사물의 위치를 말할 수 있어요.	😊	😐	🙁
14~15	사물의 길이와 키를 비교하고 도구를 이용해 잴 수 있어요.	😊	😐	🙁
16~17	사물의 무게를 비교할 수 있어요.	😊	😐	🙁
18~19	킬로그램과 그램을 사용하여 무게를 측정할 수 있어요.	😊	😐	🙁
20~21	양을 비교하여 '많다' 또는 '적다'를 말할 수 있어요.	😊	😐	🙁
22~23	들이를 잴 수 있어요.	😊	😐	🙁
24~25	일을 하는 데 걸리는 시간을 잴 수 있어요.	😊	😐	🙁
26~27	'몇 시'인지 말할 수 있어요.	😊	😐	🙁
28~29	'몇 시 30분'인지 말할 수 있어요.	😊	😐	🙁
30~31	어떤 일이 하루 중 언제 일어나는지 그리고 요일과 월을 말할 수 있어요.	😊	😐	🙁

나와 함께 한 공부 어땠어?

정답

2~3쪽
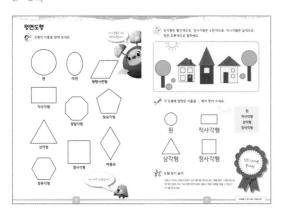

4~5쪽
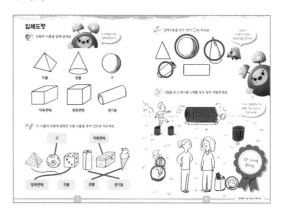

6~7쪽
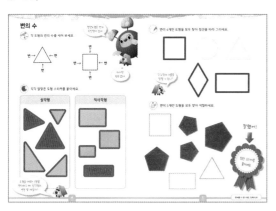

8~9쪽
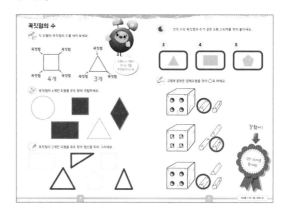

10~11쪽
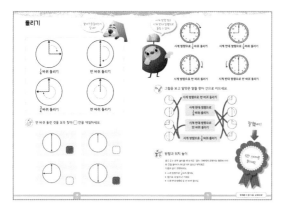

12~13쪽
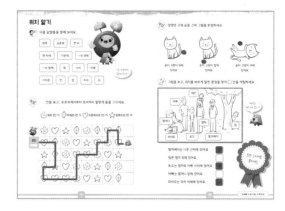

14~15쪽
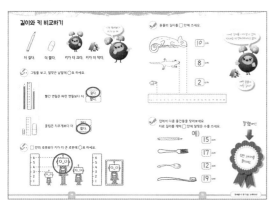

16~17쪽
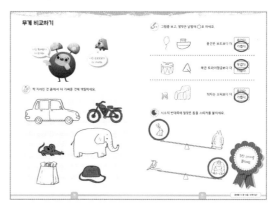

* 아이마다 자로 잰 길이가 다를 수 있습니다.

18~19쪽

* 아이마다 잰 무게가 다를 수 있습니다.

20~21쪽

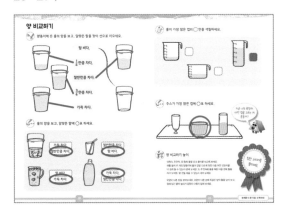

22~23쪽

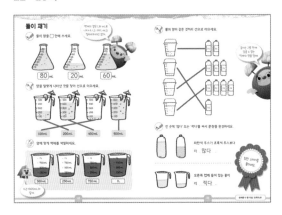

24~25쪽

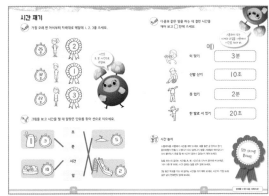

* 아이마다 일을 하는 데 걸린 시간이 다를 수 있습니다.

26~27쪽

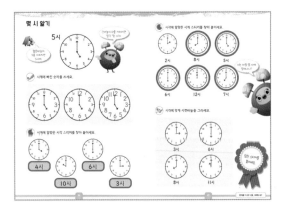

28~29쪽

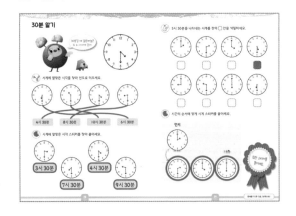

30~31쪽

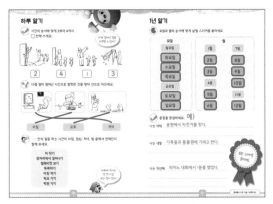

* 아이마다 완성된 문장이 다를 수 있습니다.

정리 노트

런런 옥스퍼드 수학

3-1 도형과 측정 ①

초판 1쇄 발행 2022년 12월 6일
글·그림 옥스퍼드 대학교 출판부 **옮김** 상상오름
발행인 이재진 **편집장** 안경숙 **편집 관리** 윤정원 **편집 및 디자인** 상상오름
마케팅 정지운, 김미정, 신희용, 박현아, 박소현 **국제업무** 장민경, 오지나 **제작** 신홍섭
펴낸곳 (주)웅진씽크빅
주소 경기도 파주시 회동길 20 (우)10881
문의 031)956-7403(편집), 02)3670-1191, 031)956-7065, 7069(마케팅)
홈페이지 www.wjjunior.co.kr **블로그** wj_junior.blog.me **페이스북** facebook.com/wjbook
트위터 @wjbooks **인스타그램** @woongjin_junior
출판신고 1980년 3월 29일 제406-2007-00046호
원제 PROGRESS WITH OXFORD: MATH
한국어판 출판권 ©(주)웅진씽크빅, 2022 **제조국** 대한민국

『Shapes and Measuring』 was originally published in English in 2018.
This translation is published by arrangement with Oxford University Press.
Woongjin Think Big Co., LTD is solely responsible for this translation from the original work and
Oxford University Press shall have no liability for any errors, omissions or inaccuracies or ambiguities
in such translation or for any losses caused by reliance thereon.

Korean translation copyright ©2022 by Woongjin Think Big Co., LTD
Korean translation rights arranged with Oxford University Press through EYA(Eric Yang Agency).

ISBN 978-89-01-26523-0
ISBN 978-89-01-26510-0 (세트)

잘못 만들어진 책은 바꾸어 드립니다.
주의 1. 책 모서리가 날카로워 다칠 수 있으니 사람을 향해 던지거나 떨어뜨리지 마십시오.
    2. 보관 시 직사광선이나 습기 찬 곳은 피해 주십시오.